CHAOJI TANXIANJIA XUNLIANYING
超级探险家训练营
训练营

穿越沼泽
CHUANYUE ZHAOZE

知识达人 编著

成都地图出版社

图书在版编目（CIP）数据

穿越沼泽 / 知识达人编著 . —成都 : 成都地图出
版社 , 2016.8（2021.5 重印）
（超级探险家训练营）
ISBN 978-7-5557-0460-7

Ⅰ . ①穿… Ⅱ . ①知… Ⅲ . ①沼泽－普及读物
Ⅳ . ① P941.78-49

中国版本图书馆 CIP 数据核字 (2016) 第 210619 号

超级探险家训练营——穿越沼泽

责任编辑：马红文
封面设计：纸上魔方

出版发行：成都地图出版社
地　　址：成都市龙泉驿区建设路 2 号
邮政编码：610100
电　　话：028 - 84884826（营销部）
传　　真：028 - 84884820

印　　刷：固安县云鼎印刷有限公司
（如发现印装质量问题，影响阅读，请与印刷厂商联系调换）

开　　本：710mm × 1000mm　1/16
印　　张：8　　　　　　字　　数：160 千字
版　　次：2016 年 8 月第 1 版　印　　次：2021 年 5 月第 4 次印刷
书　　号：ISBN 978-7-5557-0460-7
定　　价：38.00 元

　　为什么在沼泽地中沿着树木生长的高地走就是安全的呢？"小老树"长什么样子？地球上最冷的地方在哪里？北极的生物为什么是千奇百怪的？……

　　想知道这些答案吗？那就到《超级探险家训练营》中去寻找吧。本套丛书漫画新颖，语言精练，故事生动且惊险，让小读者在掌握丰富科学知识的同时，也培养了小读者在面对困难和逆境时的勇气和智慧。

　　为了揭开丛林、河流、峡谷、沼泽、极地、火山、高原、丘陵、悬崖、雪山等的神秘面纱，活泼、爱冒险的叮叮和文静可爱的安妮跟随探险家布莱克大叔开始了奇妙的旅行，他们会遭遇什么样的困难，又是如何应对的呢？让我们跟随他们的脚步，一起去探险吧！

主人翁

布莱克大叔（40岁）：地理学家、探险家，深受孩子们喜爱。

叮叮（10岁小男孩）：活泼好动，勇于冒险，总是有许多奇思妙想，梦想多多。

安妮（9岁小女孩）：文静可爱，做事认真仔细，洞察力较强。

目录

目录

第 一 章

出发前的准备

　　假期刚到，布莱克大叔就告诉孩子们，他们这次要去沼泽地探险，将前往中国东北部的三江平原地区乃至俄罗斯的西伯利亚区域等这些沼泽集中地。

叮叮听了高兴得一蹦三尺高："太好了！我早就想去沼泽地看一看了！"

但说到沼泽地，安妮心中还是不免有些担心害怕。

"那会不会很危险啊？还有，我们要是遇到狼、鳄鱼，那该怎么办？"她问。

"所有的探险都存在危险，我们的探险就是为了学到知识和得到历练。而在出行前做好充分的准备也是很重要的，可以让我们避免一些麻烦。"布莱克大叔说。

孩子们在一旁点头。

"好了，你们去准备吧。"听了布莱克大叔的话，两个孩子都回到了自己的房间。

叮叮把他的玩具枪、卡通书装进了背囊，

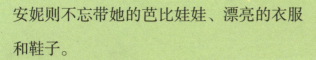

安妮则不忘带她的芭比娃娃、漂亮的衣服和鞋子。

布莱克大叔说："每次出行都不要带太多不必要的东西，那样会增加我们身体的负重。"

他俩听后，认同地点了点头，将先前装进背囊的一些不必要的东西一一放了回去。

"你们知道我们这次旅行必须要带些什么吗？"布莱克大叔问道。

叮叮、安妮没有回答，都站在那儿眼睛一眨不眨地看着布莱克大叔。

　　布莱克大叔一面忙活，一面说："首先，我们要准备的是刀。一把锋利的刀将能帮助我们斩断行进路上的障碍物，同时也有助于我们将树枝砍下，用来取暖和烹饪食物。"说着，布莱克大叔将从网上淘来的一把野外求生刀装进了他的背囊。

　　孩子们又看见布莱克大叔将蜡烛和照明灯同时装进背囊。

　　"布莱克大叔，你既然都带照明灯了，为什么还要蜡烛？"安妮在一旁问道。

　　"它们确实都是用来照明的。"布莱克大叔说，"但是，蜡烛有个特性，那就是它只有在有氧的环境下才能燃烧。"

"噢，蜡烛是用来检验一个地方是否安全的。"叮叮抢着回答，"尤其是去一个偏僻狭小的地方就首先要点蜡烛试试，如果那地方没风，蜡烛不能点燃，或老是熄灭，就说明那里缺少氧气，是危险的，我们不能继续在那儿停留。"

"对的，孩子们。但是你们要记住：照明灯也不仅是用来照明的，也是我们用来求助的一个重要工具。比如，我们如果在黑夜里遇到危险，用它来发出信号向人求助，而不是叫喊，这样才能保存我们的体力。"布莱克大叔说。

"那白天怎么办？"叮叮问道。

"用求生哨。"布莱克大叔说，"好了，快去准备你们的衣物、帐篷和睡袋吧。沼泽地地面相当潮湿，别忘了带防潮垫。"

房间里，安妮再次对着她那一大堆的漂亮裙子发愁。

布莱克大叔走了进来，对安妮说："孩子，别光记着带裙子，把保暖的衣服也带上。"

安妮不解，现在明明是夏天，为什么要带那些厚厚的衣服。

布莱克大叔一面帮安妮把她的衣服放进背囊，一面说："沼泽地里气温多变，到了那里，你就明白了。"

"好的，布莱克大叔。"安妮高兴地答应着。

不一会儿，他们都收拾好了。叮叮还带了指北针、望远镜、照相机、备用食物……

"干得不错，孩子们。"布莱克大叔点了点头，然后宣布，"我们出发啦！"

三人开始了惊险而期待的沼泽探险之旅。

户外探险需要准备的工具

进行一般的户外探险，需要准备以下一些工具：便于行走的登山鞋，必不可少的绳索，用于照明的电筒及荧光棒，指引方向的指北针，以及小求生哨、手表、帐篷、睡袋及防潮垫、生火工具、水壶、望远镜、照相机、备用食品、工具刀、针线包、火柴、蜡烛、医疗胶布等。

第二章
遇见"小老树"

　　布莱克大叔和孩子们来到了一片枯树林，准确地说，这是一片森林沼泽地。它位于中国的小兴安岭。眼前的景象让布莱克大叔心中涌起一股痛惜之情。

　　它们当中的一些树，有的

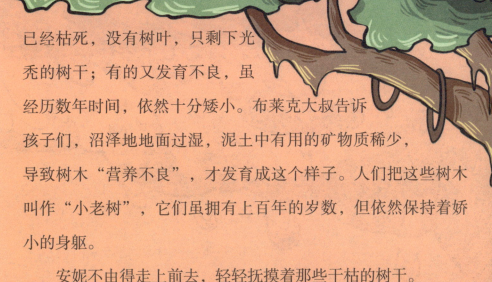

已经枯死，没有树叶，只剩下光
秃的树干；有的又发育不良，虽
经历数年时间，依然十分矮小。布莱克大叔告诉
孩子们，沼泽地地面过湿，泥土中有用的矿物质稀少，
导致树木"营养不良"，才发育成这个样子。人们把这些树木
叫作"小老树"，它们虽拥有上百年的岁数，但依然保持着娇
小的身躯。

　　安妮不由得走上前去，轻轻抚摸着那些干枯的树干。

　　就在这时，安妮发现叮叮不见了，她有些担心，开始四处张
望，并大声喊叮叮的名字。

"在这儿呢。"不远处传来叮叮的笑声，他正坐在树顶上乘凉。因为这里的树木不高，叮叮三两下便爬到了树顶。

"布莱克大叔，这里的树木真多，以前应该是一片森林吧？"叮叮在树上喊道。

"是的，这里原本是一片茂密的森林，现在成了沼泽地。"布莱克大叔对孩子们说。

"好好的森林为什么会变成现在这个样子？"安妮惋惜地问道。

"沼泽地形成的原因有许多种。"布莱克大叔告诉孩子们，"但是森林是不容易变成沼泽地的，除非是人为的破坏。"

"我知道了，这应该是有人不爱护环境

造成的吧。"叮叮大声嚷嚷起来。

"当人们对森林中的树木过度砍伐或森林发生火灾的时候，就会因为树木的消失而使森林失去巨大的吸水能力，破坏了土层的水平衡，于是出现土层过湿或地表积水，导致林地沼泽化。"布莱克大叔说。

"这实在是太可怕了。"安妮情不自禁地感叹。

"森林的退化，破坏了自然界的生态平衡。由于树木的减少，不能更好地进行光合作用，空气中二氧化碳含量就会增多，使得全球变暖，造成了温室效应。"布莱克大叔继续说道。

"叮叮，你下来吧，我们来做点有意义的事情。"安妮也跟着说道。

这时，叮叮终于从树上跳了下来，问道："做什么？"

"我们应该告诉人们，要爱护环境。"

安妮说着，从背包里拿出纸和笔，在一张张纸上写着：请爱护这些树木吧！不要过度地砍伐。否则，让森林变成沼泽，这对我们没好处。

"叮叮，我们把宣传标语贴在树上，这样下次再有人来这里探险时就可以看到了。"安妮说。

于是，他们忙活起来，把这些宣传标语都贴在那些枯萎的树上，"如果下雨将纸淋湿了怎么办呢？"安妮问道，犯起愁来。

"有了。"叮叮眼前一亮，想出了个办法，他用透明胶把宣传标语在树上缠了一层又一层。

第 三 章

鹿和鹿长得真像

孩子们依然在枯树林中替树贴着宣传标语。突然，安妮感觉不远处似乎有双黑溜溜的眼睛在盯着她。"会是谁呢？"安妮心里揣测着，不免有些害怕。她轻轻扯着旁边的叮叮的衣服，努嘴示意他看那边。

叮叮顺着安妮的目光看去，果真在不远处的丛林中也看到了那双圆溜溜的眼睛。虽然叮叮也有些害怕，但终归忍不住好奇，于是，他稍微又走近了一点，发现是一只非常可爱的动物。

　　它的身躯比狗要大，浑身的毛非常光滑，鼻子和嘴巴都向前突，眼睛圆溜溜的，头上竖着两只小耳朵，还长着两只可爱的小角。

　　"好可爱哦。"这时安妮已经将其面目看清，她不再害怕，情不自禁地赞叹起来。

　　"是啊，看它头上有角，这是鹿吗？"叮叮问。

"这是麋。看它的角比鹿的要小，面部突出也比鹿的短。"不知什么时候，布莱克大叔出现在孩子们身后，他继续说道，"麋是森林沼泽地里常见的一种动物。因为它们看起来像鹿，所以属鹿科动物。麋是以草食为主的动物，对人的生命没有威胁。"

从布莱克大叔的回答中，叮叮知道了麋是以草食为主的动物，对人的生命没有威胁。于是，他开始慢慢地向它走去。可是，叮叮刚走了几步，麋就忙往后退。

叮叮只好无奈地停了下来。

布莱克大叔告诉他，麋是一种十分胆小的动
物，从不敢让人接近它。

"那该怎么办呢？"叮叮压低嗓门说，"看它那么可爱，
我真想抱抱它，摸摸它也行啊。"

这话倒说到安妮心里去了，她也是这样想的。可是，又有
什么办法与它接近呢？

"要不，我们给麋拍几张照带回去？"安妮提议。

叮叮没有理会安妮，他绕过一大片树木，绕到了麋的屁股

后面，他屏住呼吸，慢慢向它靠近。

布莱克大叔说："麈的嗅觉和听觉都很灵敏，即使你轻轻从它身后接近，只要踩着地上的树枝发出细微的声响，它也能捕捉到。"

叮叮站在原地，继续想着法子，麈却远远地站在另一头与他对视，那眼神似乎在向叮叮挑衅，这下叮叮有些生气了，朝麈的方向跑去。

论跑步，他哪是麈的对手。只听见扑通一声，叮叮被一块石头绊倒，摔了一大跤，膝盖也摔破了皮。这时，麈已远远地跑掉，消失在叮叮的视线里。

布莱克大叔将叮叮扶起，对他说："麈的警惕性高，擅长奔跑。人们常常设置陷阱来捕获它们，如今麈在世界上已濒临灭绝。"

第四章

险遇熊

布莱克大叔带着叮叮和安妮坐在一块大岩石上休息。这时，不远处传来两声"嗷嗷"的叫声。布莱克大叔一下变得紧张起来，似乎意识到了什么。他一下丢掉手中正抽着的烟，让孩子们赶紧蹲在地上一起刨土，准备做一个陷阱。

"我们这样真的可以把麂抓到吗？"安妮问。

"我们可能遇到熊了。"布莱克大叔低沉地说道。

"熊？"安妮瞬间吓得脸色苍白。

"是的，刚才那两声嚎叫就是熊发出的。"布莱克大叔又说，"孩子们别慌，用树枝把坑盖好。"

　　陷阱布置好后，布莱克大叔拉着安妮埋伏在陷阱后边，叮叮跟了上来。布莱克大叔问："叮叮，你是不是带水枪了？"

　　叮叮点点头。

　　"里面有水吗？"

　　"有。"

　　"好，你先把它拿过来。"布莱克大叔说。

　　叮叮递过水枪，好奇

地望着布莱克大叔。

"待会儿熊掉进陷阱的时候，用这个打熊的眼睛。"布莱克大叔说。

"那，要不要用这个啊？"叮叮手拿着一瓶辣椒油，在布莱克大叔面前晃动着问道。

"不可以，不能把这个装进水枪里。"布莱克大叔说，"我们只是正当防卫，而不是要虐待任何动物。"

正说着，一头熊出现在他们的视野里，并朝他们这边走来。庞大而笨重的身躯，毛是棕色的，全身毛茸茸的，孩子们觉得它既可爱又凶猛。

看着熊一步一步地朝他们走来，孩子们的心开始咚咚直跳。

"别慌，孩子们。"布莱克大叔说。

就在熊向他们逼近的时候，突然，扑通一声，熊掉进了他们刚刚布置好的陷阱中。

　　"叮叮，快把水枪拿来。"布莱克大叔说着，接过枪，朝熊的眼睛发起进攻，布莱克大叔打得很准。熊感到了一些不适，它用两只爪子捂住眼睛，企图从陷阱中挣脱出来，并发出了短暂的嚎叫。

　　"它过完这阵就没事了。孩子们，我们快跑！"布莱克大叔说。

　　此时有风吹来，布莱克大叔大喊："叮叮，快，顺着风跑。"

　　叮叮跑得很快，布莱克大叔拉着安妮紧跟在叮叮后面。他们跑了很远很远，觉得安全了，才停下来。三个人一个劲儿地

喘着粗气。

这时，叮叮像想起了什么似的，他问布莱克大叔，刚才为什么要他顺着风跑。

布莱克大叔说："虽然熊的视力不是很好，但它的嗅觉十分灵敏。在有风的情况下，人顺着风向跑，熊就难以捕捉到人的气息了。"

叮叮一副恍然大悟的表情，然后感慨地说道："今天真是惊险啊！"

第 五 章

夏天的夜里有霜冻

孩子们依然跟随布莱克大叔在森林沼泽地里行走。

天色渐渐暗了下来，布莱克大叔和孩子们加快了脚步，他们要找个安全的地方过夜。

就在这时，一股寒气向他们袭来，安妮顿时感觉到了寒冷。

布莱克大叔说："快把你们包里的衣服拿出来穿上，待会儿还会更冷。"

叮叮一面磨蹭着穿起了厚厚的外套，一面陷入了思索，明明是夏天，为什么感觉像要过冬了一样呢？

"沼泽地里夜晚与白天相比，确实是两个季节的气候。"布莱克大叔仿佛看穿了他在想些什么。

"难怪出门前您叫我和安妮带一些保暖衣服。"叮叮自言自语道。

"是的，夏季白天和夜晚的气温相差大也是沼泽地的常见特征之一。"布莱克大叔说。

"布莱克大叔，夏天的沼泽地为什么会出现气温差呢？"安妮问。

　　"因为沼泽地地面过湿……"布莱克大叔还没解释完,叮叮便抢着说了起来。

　　"沼泽地过湿,当大量的水变成水蒸气的时候就会吸收热量,这样我们就会感觉到冷。"

　　"好像还有辐射的缘故吧。"安妮也不确定地说道,"我们课堂上学过,晴天的夜里比阴天的夜里冷,就是因为辐射的缘故。"

　　"你们说的都有道理。"布莱克大叔进一步解释,"白天太阳向地面辐射能量的时候,我们不会觉得冷;但到了夜晚,地面也会辐射能量到大气中。"

"晴天的夜里要比阴天的夜里冷，就是因为晴天的时候，白天有太阳带给我们温暖，而晚上没有，就形成了反差吗？"安妮问。

"不完全是。"布莱克大叔回答说，"晴天的夜里天空中无云，而阴天有。所以，在天空中有云的时候，云会把地面辐射的能量再次反射回来，因此阴天的夜晚反而会让我们觉得比较暖和。"

"沼泽地里夜晚变冷是由于水分的蒸发和能量的辐射造成的啊！"叮叮低声喃喃。

天色已明显变暗，孩子们突然发现沼泽地里的一些植物表面和石块上出现了一

层层薄薄的白色的物体。

"这是什么？"孩子们奇怪地问道，他们用手轻轻地触摸了一下，感觉湿湿的、凉凉的。

"这是霜冻。"布莱克大叔说。

"霜冻？"叮叮疑惑地问，"这些霜冻是怎么产生的呢？"

"是不是也是因为辐射的缘故，使气温降低，然后水分凝结成了霜？"安妮问道。

"安妮，你对霜冻的知识掌握得真棒哦。"叮叮说。

"我们在最近的一节科学课上刚好学到这个内容。"安妮在一旁呵呵笑道。

"安妮说得没错。一般情况下，霜的产生确实是由于空气中的水分过分饱和，然后当气温下降，饱和的水分就凝结成了霜。"布莱克大叔说，"但

这里说的是霜冻，沼泽地里产生的霜冻，主要与这里的植物有关。"

"与植物有关？"叮叮重复着布莱克大叔的话，再次陷入思索。

"是的，还与沼泽地土壤的组成有关。"布莱克大叔说，"沼泽植被改变了活动面，使活动面变成了活动层。白天，这些茂密的植物吸收了一部分热，使地面温度升高，夜间的时候，这些植物和地面同时向太空放射热量，因而沼泽地地表强烈冷却，就出现了霜冻现象。"

孩子们点点头，终于明白了。

第六章

蓄水库是用来做什么的

　　这一天早晨，布莱克大叔和孩子们醒来后听见外面响起"哗啦啦"的雨声。叮叮来到洞口一看，果真下雨了。布莱克大叔说，下雨了就不要在沼泽地里行走，因为行走起来十分危险。他们只能在洞中待着，要等雨停了以后才能出发。

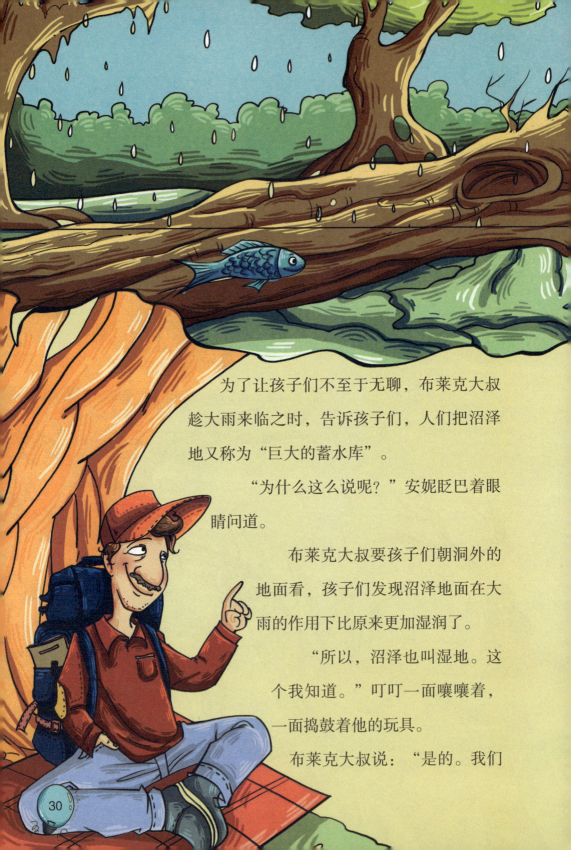

为了让孩子们不至于无聊，布莱克大叔趁大雨来临之时，告诉孩子们，人们把沼泽地又称为"巨大的蓄水库"。

"为什么这么说呢？"安妮眨巴着眼睛问道。

布莱克大叔要孩子们朝洞外的地面看，孩子们发现沼泽地面在大雨的作用下比原来更加湿润了。

"所以，沼泽也叫湿地。这个我知道。"叮叮一面嚷嚷着，一面捣鼓着他的玩具。

布莱克大叔说："是的。我们

所观察到的沼泽湿地，是因为沼泽地里的一部分水停滞在外，也就是地表，这部分水就形成了地表水。"

"那另外的一部分呢？"安妮追问道。

"另一部分水分贮存在死亡的沼泽植物中，叫壤中水。如此多的水贮存在沼泽地地表以及地底下的一些植物残体中，所以，人们就把沼泽地称为'蓄水库'。"布莱克大叔说。

"原来如此。"叮叮敷衍地应着，拿出水枪，迫不及待地往洞外跑，他要去取些雨水装进水枪里，还兴冲冲地念叨接下来的时间又有东西玩了。

布莱克大叔像想起了什么似的，把叮叮叫住："等等，别光顾着玩，你们一会儿还有活儿干。"

叮叮不情愿地停下来，问："我们要做什么？"他和安妮一起等待布莱克大叔的安排。

"你们带的饮用水都不多了，拿着自己的水壶去收集些雨水，在沼泽地里不一定能找到淡水源。"布莱克大叔说。

安妮觉得有些奇怪，她问："布莱克大叔，您刚才不是说沼泽地是蓄水库吗，为什么会很难找到淡水源？"

"虽然沼泽中贮存着大量水分，而且每年还有一部分降雨，可是在沼泽地里依旧极少有河流湖泊。"布莱克大叔告诉孩子们。

"那蓄水库里的水去哪儿了？"孩子们都睁大了眼睛，眼睛里充满了疑问与好奇。

布莱克大叔笑着说道："因为沼泽每时每刻都在通

过蒸发或植物蒸腾，源源不断地把自身的水无私地送给大气，如此循环，进行着水分交换，也就很难形成河流和湖泊了。"

"布莱克大叔，这是不是书中讲的蒸腾作用？"叮叮问。

"错了，叮叮。这里虽然有一部分蒸腾作用，但还有水分蒸发。蒸腾作用与水分蒸发有类似的地方，但意义上是完全不同的。"布莱克大叔说。

孩子们点点头。

布莱克大叔说："你们要记住，这种蒸腾和蒸发的作用，为大气提供了水蒸气，使得这里的空气保持湿润，气温降低，让当地的雨水充沛，形成良性循环。"

孩子们终于弄明白了。他们依照布莱克大叔的吩咐拿着水壶去洞外取水。出发前安

妮带了一把雨伞，可她在雨中一手打着雨伞，一手举着水壶，身体一时失去平衡，险些摔一跤。叮叮连忙说："安妮，我先替你打伞，待会儿你帮我取水。"

这个提议不错，他们在雨中相互帮扶着，说说笑笑，很快，他们的水壶都装得满满的了。

"好样的，孩子们。在外面就是要学会互相帮助。"布莱克大叔称赞道。

最后，两个孩子又替布莱克大叔装了满满一壶水。

蒸腾作用

蒸腾作用是植物体内的水分通过叶子以水蒸气的状态散失到大气中的过程。

蒸腾作用的形成方式与水分蒸发是不同的。蒸腾作用只能够在活的植物体内进行，蒸腾作用的产生不仅受到外界环境影响，而且还受植物本身的影响。

但是蒸腾作用给我们带来的作用和水分蒸发是相同的，它们都为大气提供了大量的水蒸气，使当地的空气保持湿润，使气温降低，让当地的雨水充沛，形成良性循环。

第七章

与狼的较量

　　雨终于停了，孩子们显得很高兴。

他们继续着沼泽地里的冒险之旅。

　　丛林深处似乎又出现了那双黑溜溜的眼睛，

这让叮叮一下变得兴奋起来，但他马上又恢复了

冷静，压低嗓门对安妮说："安妮，你看那边，是不是

我们之前遇到的那只小可爱？"

安妮朝着叮叮所指的方向仔细看了看，脸上立刻露出惊喜，说："好像是一只麂，我看到它的小角了。"

令他们意想不到的是，麂竟以飞快的速度朝他们奔来，可他们还没来得及兴奋，麂已从他们身边掠过，继续奔跑。

"布莱克大叔，这是怎么回事啊？"孩子们看着麂朝他们跑来，从他们身边经过，又在他们的视野中消失。孩子们的心情难免有些失落，声音中夹杂着委屈。

布莱克大叔说："可能是有敌人在追它。"

"敌人？"孩子们用奇怪的目光注视着布莱克大叔。

这时，一声声的嚎叫传入了孩子们的耳朵。

"是狼在追赶它。"布莱克大叔断定道，神情变得凝重。

"啊，狼来了？"安妮紧张地朝四周望了望，"我们会不会有危险啊？"

"不要慌。"布莱克大叔说，"狼追捕猎物都有自己的步骤，一般是先选定目标，然后跟踪目标，最后找准适当的时机发起进攻。"

"可是，现在那只麂已经跑了呀。"叮叮说。

"是的，它的猎物已经跟丢了，所以它会再次选定目

标。"布莱克大叔告诉孩子们。

"再次选定目标？会不会是我们？"安妮问，"那怎么办，跑吗？"

"没用，你跑得没它快。"布莱克大叔说。

"要不要也先挖个陷阱，然后我们再藏起来呢？"叮叮问。

"来不及了，而且狼和熊不同，它们的嗅觉、听觉和视觉都十分灵敏。"布莱克大叔说。

安妮害怕极了，布莱克大叔站在她身旁，拍着她的肩膀，抚慰她。叮叮也紧挨在布莱克大叔的另一旁站着。

狼终于出现在他们面前了，站在对面与他们对视。布莱克大叔深深地吸了口气，摸了摸安妮的头，又对叮叮说："保持镇定。"

突然，布莱克大叔伸出食指，对着狼，恶狠狠地骂道："畜生，如果你再敢向前一步，我就一拳打死你！"

见状，叮叮也立刻端起水枪，对狼做出瞄准的姿势。这招似乎真的能震慑狼，它站在原地，不敢向前了。

布莱克大叔迅速解下背囊，脱去外衣，弯腰捡了一根木棍，把外衣缠在上面。他将衣服点燃，然后举着木棍在狼的面前挥舞。

狼似乎真的害怕了，只见它一转身，逃之夭夭了。

他们又一次平安脱险。孩子们问：“布莱克大叔，狼是不是怕您啊？”

“狼不是怕我。”布莱克大叔笑笑，“狼是一种非常狡猾的动物。如果你遇到狼，显得过度紧张和害怕，狼很快就会察觉，那样就真的危险了。”

“噢，我知道了。你要装得不害怕，甚至做出比它还凶的样子，它就有可能会被吓跑。”安妮说。

“是的，这叫心理较量。”布莱克大叔说。

　　不知不觉间，三人已走到草甸沼泽地的边缘。看着杂草丛生的地面，安妮突然感觉到脚下一阵松软，脸上不由得露出胆怯的神情，她不敢往前了。叮叮却显得尤为兴奋，迫不及待地冲上前去，喊着："哇，这才叫冒险。看，我来了！"

　　"等等，不要着急。"就在这时，孩子们身后传来布莱克大叔大声的叫喊，布莱克大叔追上来后又看了看紧张的安妮，突然发现不远处有树木生长，他用手指着那边对孩子们说："你们都沿树木生长的地方走。沼泽地里，处处都有泥潭陷阱，掉下去就危险了。经过一些松软的地方时，要特别留意；如果遇到树木生长的地方，我们就沿着那儿的高地走。"

　　"为什么沿着树木生长的高地走就是安全的呢？"安妮问。

　　"因为树木是生长在硬地上的。"叮叮抢着答道。

　　他们穿过树林，又是一片荒草地，走在前边的叮叮停了下

来，等着安妮和布莱克大叔。

"呀，没有树木了，布莱克大叔，接下来我们该怎么走？"当安妮走到叮叮那儿时，她问道。

布莱克大叔将事先准备好的木棍发给孩子们。他说："在沼泽里的荒草地上行走，可以利用木棍探路，用木棍碰击地面，如果感觉坚硬，我们就可以往前走。"说到这里，像想起了什么似的，布莱克大叔的表情突然严肃起来，扭过头看向叮叮："你刚才那种什么都不顾就往前冲的做法，在沼泽地里是十分危险的。"

"噢，以后不会了。"叮叮调皮地吐着舌头。

"快看那边，绿绿的，真好看。"叮叮突然叫了起来。

布莱克大叔和安妮顺着叮叮的叫声望去，看到那边的植物的确绿得可爱，看上去似乎有种软软的感觉。

"好像地毯啊。"安妮接着说道。

"安妮，我们看看去。"叮叮说。

这时，布莱克大叔搬起一块石头，朝那边砸去，只听"咕咚"一声，石头沉了。孩子们吓得不敢向前。

布莱克大叔告诉他们，那绿绿的植物叫泥炭藓。

"你们记住，沼泽地里有泥炭藓生长的地方是十分危险的。"

见孩子们一副没弄明白的表情，布莱克大叔接着说："泥炭藓是一种水性植物，仅靠水就能生长，生命力也极强。甚至你将已经干燥的泥炭藓放入水中，它吸足水后又会恢复生机。"

"所以说，泥炭藓是不会长在硬地上的，有它生长的地方我们就不能轻易去了。"叮叮接着补充道。

"你也终于明白了。"布莱克大叔笑笑。

"布莱克大叔,"叮叮似乎又有发现,"你刚才往那边投石头,也是一种探路的方法吗?"

"孩子们,你们都很聪明。"布莱克大叔笑道,"在沼泽地里行走,你们可以投石头,看前方是否有深潭。如果不能确定走哪条路的时候,你们还可以用力跺脚,假如地面震动,那么附近也可能有深潭,我们就得绕道走了。"

"知道了,布莱克大叔。"孩子们回答。

与布莱克大叔一路同行,孩子们学到了不少知识。

泥潭

泥潭一般在沼泽地或者潮湿松软的荒野地带。泥潭没有支撑力,不能承载重物。如果人或重物一旦落入泥潭,就会沉入潭底。因此,在沼泽地里行走,一定要特别留意泥潭。怎么判定泥潭呢?有树木生长的地方,可以判定那是土地坚硬的安全地带。如果不能确定,可用力跺脚,试试地面是否颤动;或者投几块大石头,观察石头是否沉落。

第九章

聪明的布莱克大叔

三人一路同行，孩子们对博学的布莱克大叔佩服不已。

"布莱克大叔，您好厉害哦，简直是智慧的象征。"安妮说着，她有点跟不上布莱克大叔的步伐。

"孩子们，你们也很不错。"布莱克大叔笑了笑，稍稍放慢了脚步。

"孩子们,你们对沼泽了解多少,了解它的形成和特性吗?"布莱克大叔问两个孩子。

叮叮和安妮停了下来,相互望了望,对着布莱克大叔摇头。

"沼泽其实也可以叫湿地,主要是由于地面过湿造成的。地表过湿以及常年积水或季节性积水,土壤水分达到饱和,地面长出一些苔藓等沼泽植物,就形成了沼泽。我们不是刚刚经过森林沼泽地了吗?"布莱克大叔启发孩子们。

"我知道了,沼泽是由于人破坏环境而形成的。"叮叮答道。

"我觉得沼泽应该不全是由于人为的破

坏而形成的，也还有别的原因。"安妮争辩道。

"对的，有的沼泽是由于人为的破坏造成的，但是不同的沼泽地，它们的形成过程有所不同。"布莱克大叔肯定了安妮的观点。

布莱克大叔说："水分状况是沼泽地形成的关键，然后大量的苔藓植物和喜水性沼泽植物在地面长出，就形成了沼泽。"

"是不是说一个地方下雨多，那地方就容易形成沼泽呢？"叮叮问。

"当然不是。老师说江南是梅雨之乡，可那儿并没有形成沼泽。"安妮在一旁反驳道。

"嗯。"布莱克大叔再次肯定了安妮的说法，"这还与那个地方的气候以及地形有关。比如在一

些地形低洼的盆地，每年的降水量大，蒸发量小，空气湿度就会很大，然后就积水形成一个个的湖区。"

"这些湖区又是怎样变成沼泽的呢？"叮叮问。

"由于排水不畅，地表常年处于过湿状态，土壤通气状况不是很好。于是，土壤和大气、植物之间不能进行正常的气体转换和物质交换。在这种缺氧条件下，地下的矿物质以及一些有机物质在土壤中得到发展，土壤营养化，促成喜水苔藓植物的生长，也就形成了沼泽。"

孩子们极其认真地听着。

"关于草甸沼泽化，人们持有两种观点：一种认为是植被的天然演替，像所有生物的演变过程一样，植物由芦苇等这些禾本科植物经过一个过程过渡到苔藓植物，地面长出许多密集的苔藓就形成了沼泽。"布莱克大叔接着说道。

"还有一种观点呢？"孩子们问。

"另一种观点认为是因为土壤缺氧而造成的。地表过湿，大量的植物残体得不到充分分解。植物残体等一些物质阻塞了土壤孔隙，缺氧的土壤条件导致泥炭的形成。在这样的条件下，密集的苔藓植物长出，也就形成了沼泽。"

"您刚才说的草甸沼泽地是不是就是我们现在所在的这片

沼泽？"叮叮问。

布莱克大叔点头认同，准备继续给孩子们讲述，他觉得既然到了沼泽地，就有必要给孩子们普及这一课。

"水体沼泽化一般是在湖泊或流速缓慢的河流中发生的。首先是湖岸的植物像根带子一样向湖中心移动侵蚀，接着湖底的藻类植物以及浮游生物的残体与泥沙一起沉积在湖底形成腐泥，当腐泥不断加厚，湖泊里的水就变浅了。岸边的带状植物又不断向湖心推进，大量的植物残体积聚在湖底，在水下缺氧的条件下，形成了泥炭。泥炭一层层增厚，湖水变得更浅，最后整个湖盆变成沼泽。"

"哦，我知道了，布莱克大叔，一般来说，湖泊沼泽地也是由于水体沼泽化形成的吧。"安妮说道。

"对的，安妮，你很聪明。"布莱克大叔说，"其实沼泽地的存在，对我们有利也有害。"

"它的存在对我们有哪些益处和害处呢？"孩子们问。

看着孩子们求知若渴的眼神，布莱克大叔感到无比欣慰，时间不知不觉过去了，他只得说："好了，孩子们，下次再说，我们继续前进。"

第十章
芦苇地里

　　夏天的沼泽地里，偶尔送来点凉凉的风，给孩子们带来凉意，也让他们顿时忘记了行走的疲劳。一片宽广的芦苇地映入他们的眼帘，芦苇长长的身躯随风摆动，头上顶着小花儿，真像个美丽的妙龄少女在风中跳舞。

　　"好美啊！"安妮忍不住赞叹。

　　叮叮则兴奋地跑了过去，喊着："安妮，我们来这里躲猫猫吧。"说罢，他钻进了芦苇地，转眼的工夫，就不见了人影。

安妮只得走过去寻找，找了好一会儿，都不见叮叮的人影。正当她焦急万分的时候，叮叮突然从她后面钻了出来，把安妮吓了一大跳。

　　布莱克大叔走了过来，他对叮叮说："不要调皮，别在芦苇地里躲来躲去，那样你会真的和我们走散。"

　　"为什么啊？"叮叮问道，他觉得布莱克大叔讲得有些夸张了。

　　"当年打仗的时候，红军也曾藏身于一片芦苇地，就是因

为芦苇植株高大的缘故。苇杆有1～3米，你看这么茫茫一片芦苇地，人钻进去就不见踪影，到时候我们怎么找得到你？"布莱克大叔说。

叮叮这才认同地点了点头，安妮在一旁嚷嚷道："布莱克大叔，您还是给我们讲讲有关芦苇的知识吧。"

布莱克大叔首先向孩子们介绍道："芦苇是沼泽地里常见的一种植物，因为它们习惯于生长在湿地或浅水中。"

叮叮并没理会布莱克大叔的话，他正用力地掰着一株芦苇，可他怎么也掰不下来，差点还伤到手。

"叮叮，你又调皮了。"安妮数落道。

"没有，我只是想采株芦苇回去做标本。"叮叮分辩。

布莱克大叔听了，走过去，拿出刀使劲地割了一株芦苇下来，递给叮叮，说："芦苇相当坚韧，不是轻易就能折断的，这也是由于它们的根和茎都很坚韧的缘故。"

"我们在上课的时候也听老师说过，芦苇具有顽强的生命力。"安妮突然想起来，插了一句。

"是的，不少文人都在笔下提到它们。冬天它们被人全部砍光，第二年春天它们照样能够绿油油地长满一地，遍地的绿，让人想到的词就是'生命力'。"

从布莱克大叔那儿了解到，原来芦苇具有如此顽强的生命力，孩子们的脸上也不由得流露出赞赏之情。

"你们知道芦苇为什么会有如此顽强的生命力吗？"布莱克大叔问道。

"好像也和它们的根有关吧。"安妮说道。

"对的。"布莱克大叔大声肯定了安妮的说法，"芦苇的根在地下埋藏得很深，有时可深埋1米以上。所以，即便前一年芦苇被人们砍光了，第二年它们仍旧能发出新枝来。"

"噢。"叮叮听后点了点头，这下他没有再

调皮了。

　　"芦苇对人类的作用还不小呢。"布莱克大叔继续说道。

　　安妮马上说道："我知道芦苇可以做席子。"

　　叮叮赶紧补充说："我奶奶以前送了我一个枕头，里面放的就是芦苇花。"

　　"你们俩说得都对！"布莱克大叔笑道，"芦苇的用途很多。它们的叶、茎、根和笋都可以用来入药。"

　　"好像芦苇还可以用来喂牛、喂马吧。"叮叮说。

　　"是的，它们能作牧草。芦苇产量极高，在正常情况下，1公顷湿地能产3.9~13.9吨芦苇，每年可以收割两三次呢。牧民们有时还将新鲜的芦苇晒干，留着给牲畜们过冬当粮食呢。"布莱克大叔说。

"我上次去公园的时候还见过芦苇，真漂亮。"安妮陶醉地说道。

"芦苇的花絮很美，还十分优雅。加之它们不容易倒伏，成活率高，所以，早已被人们用来作园林装饰了。"布莱克大叔补充道。

第十一章

美丽的睡莲

　　时间已到中午，孩子们跟随布莱克大叔来到了一个水塘前。

水塘里生长着睡莲，孩子

们也正好赶上睡莲开花的时

节。那一朵朵红色的、粉色的、黄色的和白色的睡莲舒展着它们的花瓣，舒服地"躺"在一片片大的叶子上，绽放于水中，显得无比艳丽。

"好美啊！"安妮称赞着。她喜爱极了，拿起手中的相机，一个劲儿地按着快门，瞬间四周只听见"咔嚓咔嚓"的声响。

"花真好看，这是荷花吗？"叮叮也忍不住夸赞起来，又挠着头说，"好像也不对哦，它们与荷花又有不同的地方，它们的花怎么漂在水上？"

"这是睡莲。它们的外型与荷花相似，不同的是，荷花的叶子和花都长出水面，而睡莲的叶子和花是浮在水面上的。"布莱克大叔告诉孩子们，"所以，人们称赞荷花'出淤泥而不

染'。但是，关于睡莲的美丽，民间也流传着一个传说。"

一听还有故事，孩子们变得愈加兴奋，一个劲儿地缠着布莱克大叔，要他讲故事。

布莱克大叔说："很久以前，村里住着一位美丽的姑娘。这里有一条河环绕着村庄，姑娘每天都来河边取水。但是有一天，这条河枯竭了。为了家人的正常生活，姑娘开始四处奔波，只为找到那少得可怜的水。

"一个有雾的清晨，姑娘仍旧没有找到水，她沿着干涸的河流漫无目的地走，满脸忧愁。这时，一个声音传入她的耳

朵：'你的眼睛真美啊。'姑娘回过头来，看见河里的淤泥里有一条鱼正看着她。那是一条漂亮的鱼，他身上的鳞片如天空那般蓝，他有一双温柔的眸子，他的声音是那么动听。

"鱼对姑娘说，如果姑娘愿意常来看他，让他看见她的眼睛，他就可以每天都给姑娘一罐水。

"姑娘答应了。

"从此，姑娘每天清晨都来这里跟鱼相会，鱼也履行着自己的承诺，给姑娘一罐水；而每一天，家人都会问姑娘水的来历，她总是笑而不答。

"鱼和姑娘隔河相望，但他们却心灵相通。

"突然，鱼从河里跳了出来，来到岸上，抱住了姑娘，要她做他的妻子。姑娘答应了，因为她发现她已爱上了鱼，他们就这样成为了夫妻。

"然而，有一天，他们的相会被村里的人发现了。人们怀疑鱼对姑娘施了妖法。于是，他们把姑娘关起来。他们拿着刀叉长枪来到河边，以鱼的妻子为威胁叫鱼出来。就在鱼现身的一刹那，人们

下手将鱼杀死了。

　　"人们将鱼放在姑娘脚边，想让她能以此清醒过来，可换来的只是她愈加心碎。

　　"她抱着冰冷的鱼向小河走去，慢慢走向河的中央。干涸的小河突然涨水，将他们淹没了。

　　"他们就这样在人们猜忌的目光中死去，而他们的后代却在水中世代繁衍，也就是今天的睡莲。"

　　孩子们听得入了神，当回过神来，他们这才发现原本开放的睡莲现在成了花苞。

　　布莱克大叔告诉他们，夏季的睡莲一般是上午绽放，中午后就闭合。也有一些睡莲是白天绽放，晚上闭合。因为这个原因，加上睡莲的美丽，所以人们将睡莲又称为"花中的睡美人"。

　　最后，安妮还依依不舍，想要采一朵美丽的睡莲带在路上慢慢观赏。布莱克大叔告诉她，睡莲只能在水中绽放，当睡莲切花离水超过1小时可能就会丧失吸水性，失去开放能力。

第 十 二 章

搭帐篷

三人在沼泽地里又走了一天，天色渐渐暗下来，气温也逐渐降低。

安妮明显感受到了这两天来行走的疲劳，她在一块大

石头上坐了下来。

"安妮，再坚持会儿，我们找个地方搭好帐篷，你就可以休息了。"叮叮说。

但是安妮此刻还是表现出了她小小的娇气，她朝前面的布莱克大叔大喊道："布莱克大叔，能不能就在这儿搭啊？"她确实不想走了。

前面的布莱克大叔停下脚步，转身走到她的跟前，对她说道："安妮，叮叮说得对，再坚持会儿。这里路面崎岖，不适合搭帐篷。"

于是他们又走了一会儿，终于在一块平地上停下，布莱克大叔说："孩子们，就这儿吧。记住，野外搭帐篷一定要选择在平地上。"

搭帐篷是体力活，也是细致活。孩子们借着微微的月光

和点燃的蜡烛开始忙活起来。

　　叮叮用手电筒照着说明书，按照上面的步骤一步一步地做起来。他先将袋里的零件全部倒出，并一一查看，有支柱、边框、主绳、钉子……确认零件齐全后，他在地上铺好了帐篷的地面垫，并用钉子将地面垫四角固定。这时，他看了一眼一旁的安妮，她也铺好了地面垫，却不敢用锤子去钉钉子，便对她说："安妮，别急，等我的帐篷弄好后就来帮你。"

　　安妮说："好。"她走到叮叮跟前，帮叮叮看起了说明书，并帮叮叮把防潮垫铺在地面垫上。

69

孩子们看到地面垫的两端都有小孔。这小孔是做什么用的呢？

"哦，知道了，是插支柱的。"叮叮翻了一下说明书，"就是要将支柱的下端插入孔中。"于是，他们将支柱上部的尖端穿入布幕栋柱两柱的孔中。

接下来，就是调整主绳和支绳。

"调整附在主绳上的支绳，就能调整帐篷的形状。"安妮看着说明书念了起来。

叮叮对照示意图，终于将主绳和支绳分别找到。然后调

整支绳，帐篷的基本形状出来了，但是帐篷的角度却发生了倾斜，好像一座就要倒塌的房子。

"这是怎么回事？"叮叮很纳闷。他们将帐篷的里里外外和说明书都看了一遍，终于明白，应该要让两根支柱垂直立于地面。这需要调整支绳上的角绳和腰绳。他们又是一阵忙活，帐篷的形态终于出来了。

最后一步，将帐篷底布、地面垫及墙壁下部连接起来。帐篷这才算搭好了。

"大功告成。"孩子们说。但此刻的疲惫已将他们的喜悦取代，他们同时钻进了帐篷里，静静地待着，不想说话，啥都不想做。

"干得不错，孩子们。"突然传来布莱克大叔的声音，他

71

站在帐篷外面，因为帐篷不大，布莱克大叔无法进到里边。其实，布莱克大叔一直在不远处看着这两个孩子忙活，他之所以没来帮忙，就是想培养孩子们的动手能力和友好合作的精神，他相信，这对他们这次的旅行以及他们今后的人生都会有很大的益处。

"可是，安妮的帐篷还没搭好啊。"叮叮说。

"这没问题。"布莱克大叔指着不远处自己的大帐篷说。

于是，叮叮和布莱克大叔一起去了大帐篷，安妮则待在这顶她和叮叮亲手搭的帐篷里休息。

使用帐篷需要注意的事项

在外夜宿时不免要用到帐篷，我们使用帐篷时应该注意：

搭帐篷时，外帐一定要拉直，千万不要让外帐、内帐相接触，这样外帐的水才不会渗透到内帐。

帐篷不宜在高温下暴晒，否则，容易造成帐篷老化，使帐篷防水功能降低。

第十三章

安妮哭了

安妮已在帐篷内躺下。这几天来的奔波带来的疲惫应该足以让她立刻进入梦乡，然而，她却失眠了。

是啊，她想家了。虽然有防潮垫，但睡起来到底还是没家中软软的床舒服；她更加想念

爸爸妈妈，想着平时睡觉前爸爸会来房间和她说晚安，夜里妈妈会轻手轻脚地进来给她盖被子……可是，现在却只有她一个人在这里，好寂寞啊！她心里酸酸的。

　　她强忍着眼泪，走出帐篷，想独自在外面的月色下缓解一下情绪。

　　就在这时，她感觉地上有东西在缓缓蠕动，并向她靠近。她定睛一看，发现是条蛇。

　　"呀！"她吓了一大跳，随后大声叫了起来。

　　叫声惊醒了另一顶帐篷里的叮叮和布莱克大叔。他们闻声立刻跑过来，没来得及问安妮怎么了，眼前的情形布莱克大叔一看就明白发生了什么——安妮正处于危险中。他想喊安妮别慌。其实，如果在野外遇到了蛇，只要人不去触碰它，它也不会主动攻击人。

可是，安妮刚才大喊大叫，还不停跺脚，将蛇惊动，蛇正向安妮步步逼近。

千钧一发之际，布莱克大叔捡起地上的一块石头，朝蛇砸去，蛇瞬间晕了过去，不再动弹。

站在一旁的安妮问道："它死了没有？"

"应该没有。"布莱克大叔回答道，"它好像只是晕了过去。"

叮叮在一旁看着觉得奇怪，他问："布莱克大叔，你为什么一下就可以将蛇打晕啊？"

布莱克大叔回答说："打蛇打七寸，刚刚那个位置就是蛇的七寸。"

"为什么打蛇要打七寸呢？"叮叮继续问道。

"因为蛇跟人不同，它的心脏长在后面，也就是它的七寸位置，所以你打蛇的七寸就等于打到了它的要害。"布莱克大叔说。

此时，他们都不约而同地向安妮望去。安妮本来就由于想家而感到伤心，接着又受到了惊吓，她更加难过了，终于忍不住哭了起来。

布莱克大叔走到安妮跟前，安慰并鼓励她："没事的，孩子。你和叮叮能够独自离家出来探险都是好样的。这也会让你们今后变得更加勇敢和优秀。"

接着，布莱克大叔在帐篷周围洒了一些

酒。叮叮觉得有些奇怪便问道："布莱克大叔，你这么做是为什么呢？"

布莱克大叔笑了，说："不知道了吧？因为我这酒里含有雄黄。"

叮叮恍然大悟："噢，明白了，蛇怕雄黄。"

"是的。"布莱克大叔说道，"这样蛇就不敢来了。"

安妮听后停止了哭泣，但她白天经历了那么多冒险，还是很担心，又抽泣着问道："要是熊和狼再来的话，我们又该怎么办啊？"

"别怕，安妮，我保护你。"叮叮找出水枪，显示出了小小男子汉的气概，那样子终于把安妮逗笑了。

"都睡吧，孩子们，有叔叔在呢。"布莱克大叔说，"叔叔不会让你们受到伤害的。"

布莱克大叔捡来一堆树枝，然后烧起了一团熊熊大火，因为野生动物一般都是怕火的。

"为什么那些动物都怕火呢？"叮叮问。

"因为那些动物还没人类这么聪明，不知道怎么去利用火，总以为火会伤害到它们，所以看见火就不敢来了。"布莱克大叔说。

这下，安妮总算放心了。

夜更深了，孩子们都各自回到帐篷里睡下，布莱克大叔依然在帐篷外面烧着那团野火，守护着孩子们。

第十四章

奇特的雾

这又是一天的清晨，叮叮穿着一件短袖上衣从帐篷里出来，布莱克大叔已在地上铺好了餐布，上面摆着早餐：吐司、酸奶和火腿。叮叮一面伸着懒腰向布莱克大叔问候早安，一面顺手拿起一盒酸奶和一片吐司。突然，他浑身有种湿漉漉的感觉。

79

"怪了，明明是晴天，我怎么感觉身体像被雨淋了一样？"叮叮咬着面包嘀咕。

布莱克大叔将搁在自己旁边的外套递给叮叮，对他说："快把衣服披上。你身上的湿气其实是雾。"

"沼泽不愧被称为湿地啊，连雾都带有这么大的湿气。"叮叮看着眼前白茫茫的一片景象说。

此时安妮也起来了，她同样礼貌地说道："早安，布莱克大叔。这么大的雾，我们现在是不是又不能继续行进了？"

"是的，雾太大了，我们看不清前方的路，怕出危险。"布莱克大叔回答。

叮叮的早餐吃完了，他打着饱嗝，自言自语："噢，那我们现在干点儿啥呢？"

布莱克大叔说："你们知道吗，沼泽地里的雾有个特点，人们还将其称为奇特的雾呢。"

"奇特的雾？有什么奇特的地方？"孩子的好奇心总是强烈的。

看着叮叮发问时那迫不及待的样子，布莱克大叔坏笑起来，说："你不是无聊得不知道要干点儿什么吗？你就自己去观察吧。"

"好吧。"叮叮一边答应着，一边蹲在地上思考着。

安妮也陷入了沉思，同时她也不停地四处观察。

突然，安妮似乎有了什么发现，大喊道："叮叮，你看一下周围的植物。"

于是，叮叮低头看着四周地上那些苔藓植物，绿绿的，像初生的婴儿一样充满着生机。

"对，昨晚我看到它们还是白色的，而且枯萎了。"孩子们不约而同地说道。

"沼泽地里的植物可以一夜之间复活？"安妮看着叮叮，不可思议地问道。

叮叮也觉得奇怪，想要去请教布莱克大叔，但转念一想，如果是凭自己掌握的知识把其中的奥秘破解，那该是多好的事情啊！于是，他再次陷入了思考。

"叮叮，刚才布莱克大叔不是跟我们说奇特的雾吗？"安妮似乎也有了些思路。

　　"对了。"叮叮大叫，"奇特的雾，肯定是雾让这些植物起死回生的。"

　　安妮似乎也豁然开朗，跟着喊，找到答案了，这不正是雾的奇特之处吗？

　　"你们得出这个结论的依据是什么呢？"布莱克大叔的问题让孩子们感觉欢呼还为时过早。

　　"哼，我一定能找到答案的。"叮叮大喊。

　　"好样的。"布莱克大叔适时地给予孩子们鼓励。

　　突然，安妮打了个喷嚏。

　　"你冷吗，安妮？"叮叮问，他抬头看了看安妮，发现她只穿了一条裙子。"安妮，你是不是也感觉浑身冰凉？"叮叮兴奋地问道。

　　安妮先是一愣，然后跟着兴奋了起来，这次他们真的找到了答案，冲布莱克大叔喊着："答案是湿气。"

　　沼泽地里湿气很重，产生的雾也是如此。极小的雾滴依附在一些植物的表面，也不亚于1至2毫升的降水。沼泽地里枯萎的喜水性植物，只要遇到足量的水后就又能恢复生机了。

　　"好样的，孩子们。"布莱克大叔称赞道。

第十五章
遇见采药人

晨雾渐渐散去，孩子们看见远处似乎有人走来。近了，原来是一位老人背了个箩筐从这儿经过。

布莱克大叔忙站起身来，跟老人打招呼："老人家，雾还没完全退去，您就来沼泽地里行走，会不会有危险？"

老人家说，他已经习惯了，他是来沼泽地采药的。原来他是一名老医生，在距离此处一二十千米的村庄开了一家诊所。整个村庄也就他那一家诊所，村里的人大都上他那儿看病。他平时总是收取人家少量的钱，如果遇上哪家人特别困难，他就不收钱了。

这让布莱克大叔和孩子们都顿时对眼前这位老医生产生了深深的敬意。

"老爷爷，您想采些什么药啊？"叮叮问。

"首先，我想采一些芦苇回去。"老人回答。

"芦苇？"叮叮重复着。

"是呀，芦苇。"老人回答，"芦苇是一种非常有用的药物呢。它的根里含有蛋白质、葡萄糖等，有清热解毒、止呕等功效；芦花可以止渴……"

听了老爷爷的话，叮叮像想起来什么似的，他钻进帐篷，然后拿了一株芦苇出来，说："老爷爷，这是我昨天路过芦苇地采的，准备带回去做标本，您需要，就先拿着吧。"

老人家笑了，说："谢谢你，小朋友，你真善良。不过一根哪够啊，你拿回家做纪念吧，待会儿我自己去采。"

布莱克大叔说："昨天我带孩子们经过了一片芦苇地，不过附近没有芦苇地了。"

"噢，没事。我待会儿去采，我先采些睡菜。"老人回答。

"睡莲吧？"安妮说，"附近好像也没有睡莲。"

"不是睡莲，是睡菜。当然，睡莲也是很有用的药材。"老人说。

老人家好像想起来什么似的，他对叮叮和安妮说："附近有睡菜，你们要不要跟来看看？"

"好啊。"孩子们欢快地答道。

在湿润的沼泽地中，老人挖出一株如绿叶菜一般的植物，对孩子们说："看，这就是睡菜。它的茎和叶都是光滑的，

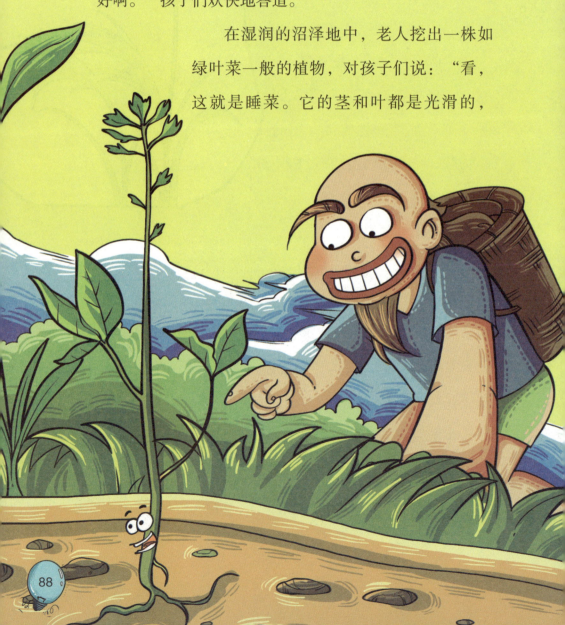

叶片的背面也没有毛，叶片呈椭圆形；每根茎上都长着三片叶子，叫三出复叶。"

"看，这上面还有花！"女孩子都爱花，安妮惊喜地叫道。

"是的，睡菜会开花。"老人说道，"这些小花有花柄。它们的花冠是白色的，里面还有5根雄蕊，是红色的。"孩子们听后纷纷点头，表示清楚了，他们一起帮老爷爷采集起了睡菜。

"孩子们真棒！"老人家称赞道。没过多久，叮叮和安妮就替老人采集了半筐睡菜。

"睡菜可以治什么病呀？安妮问。

　　"它可以治胃痛、失眠、消化不良等疾病，比如，小孩乱吃东西，消化不好，村里老人晚上睡不着，都可以用睡菜熬成药给他们吃。"老人答道。

　　"噢。"孩子们点头应答，他们已经明白了。

　　时间过得真快，老人要离开，去采集芦苇了，还要赶回去给人看病。叮叮、安妮与老人挥手告别。

　　孩子们很高兴，因为他们又学到了一些知识。

第十六章

水獭"祭鱼"

晨雾完全退去，三人在草甸沼泽地里继续行进。走在前方的布莱克大叔突然停了下来，他趴在地上，耳朵紧贴地面。不一会儿，他重新站了起来，说："我听到了哗啦啦的声音，附近有水。"果真，在布莱克大叔的带领下，孩子们找到了一

条小河，河水清澈见底。

"太好了，终于找到淡水源了。"孩子们欢呼着，跑到水边玩了起来。

这时，他们远远地发现了一只水獭。夏天时，水獭的皮毛呈红棕色，如松鼠一般，耳朵圆圆的，还长有胡须。

孩子们看到水獭正躺在水中，头微仰，露出颈下灰白色的毛，身躯随着水流慢慢移动，一副悠闲自在的模样。

"它太可爱了。"叮叮喊道。

"水獭的水性娴熟，碰上它上岸，你会觉得它更可爱

呢。"布莱克大叔说。

"为什么呢？"叮叮问。

"因为水獭的四条腿又短又粗，却要支撑它那大大的身躯，所以走起路来摇摇晃晃的。"布莱克大叔说。

"真的吗？"安妮眼中充满期待。

布莱克大叔点点头，接着说道："但也正因为如此，水獭在岸上行走时动作迟缓，很容易被其他动物捕食。"

　　"好可怜啊!"安妮惋惜道。

　　"不过,它在水中却极为灵活,是捕鱼的能手。"布莱克
大叔说。

　　这时,孩子们也看到水獭不再仰卧水中,它正机警地注视
着水下,似乎感觉到了猎物。突然,它一下潜入水中,瞬间的
工夫,水獭又浮现在水面,孩子们看到它露出了锋利的牙齿,
嘴里还叼着一条鱼。

　　"太棒了,不愧为捕鱼能手。"叮叮赞叹道。

　　不过,水獭并没有迅速把鱼吞掉,而是将鱼叼着放在附近
的岸边,然后游回水里,再次捕鱼。

　　布莱克大叔说,想必这只水獭是吃饱了,它在"祭鱼"。

　　果真,水獭很快又捕捉到了鱼,依然是将鱼咬死后,将其

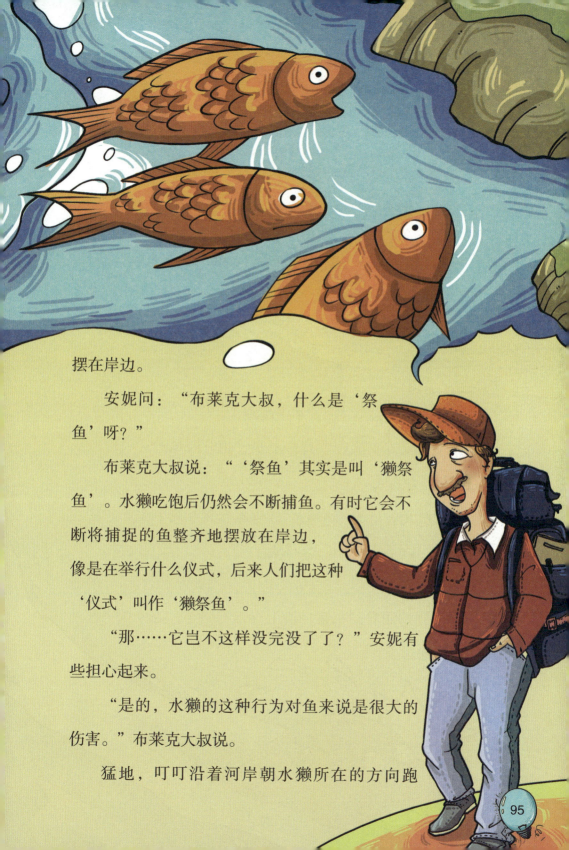

摆在岸边。

安妮问："布莱克大叔，什么是'祭鱼'呀？"

布莱克大叔说："'祭鱼'其实是叫'獭祭鱼'。水獭吃饱后仍然会不断捕鱼。有时它会不断将捕捉的鱼整齐地摆放在岸边，像是在举行什么仪式，后来人们把这种'仪式'叫作'獭祭鱼'。"

"那……它岂不这样没完没了了？"安妮有些担心起来。

"是的，水獭的这种行为对鱼来说是很大的伤害。"布莱克大叔说。

猛地，叮叮沿着河岸朝水獭所在的方向跑

去，水獭意识到了危险，溜进水中逃跑了。

水獭不见了，安妮心中有些不快，朝叮叮喊道："叮叮，你把它吓跑了。"

叮叮走过来，说："不是。我故意把它吓跑，是不想让它继续'祭鱼'。"

听了叮叮的话，安妮点了点头，显然她认可了叮叮的做法。不过，她没法看到水獭在岸上行走的样子，心中觉得还是有点小小的遗憾。

第 十 七 章

蟾蜍对人类有什么益处

蟾蜍是一种在草地、密林、田间等地常见的动物，在湿地也能见到，因而孩子们在草甸沼泽地发现了它。蟾蜍的体形比青蛙要大，皮肤也比较粗糙，背上长有疙瘩。

"看，好大一只癞蛤蟆。"叮叮说。

"这叫蟾蜍。"安妮纠正道。

　　叮叮没有理会，因为他知道癞蛤蟆是蟾蜍的另一种叫法，也就是俗称。

　　叮叮转身向布莱克大叔要橡胶手套。

　　"你要捉它？"布莱克大叔问。

　　叮叮没有回答，只是冲布莱克大叔狡黠地笑着，似乎在说，您猜得没错。

　　"叮叮，你捉它做什么？"安妮问。

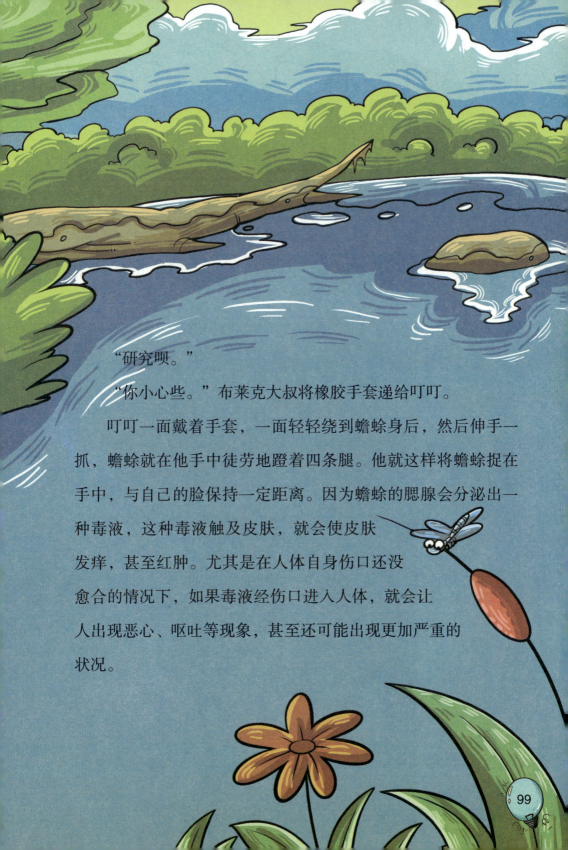

　　"研究呗。"

　　"你小心些。"布莱克大叔将橡胶手套递给叮叮。

　　叮叮一面戴着手套，一面轻轻绕到蟾蜍身后，然后伸手一抓，蟾蜍就在他手中徒劳地蹬着四条腿。他就这样将蟾蜍捉在手中，与自己的脸保持一定距离。因为蟾蜍的腮腺会分泌出一种毒液，这种毒液触及皮肤，就会使皮肤发痒，甚至红肿。尤其是在人体自身伤口还没愈合的情况下，如果毒液经伤口进入人体，就会让人出现恶心、呕吐等现象，甚至还可能出现更加严重的状况。

　　所以，尽管蟾蜍被叮叮抓在了手中，他也不敢把脸贴近去观察。

　　布莱克大叔要孩子们观察蟾蜍鼓鼓的眼睛，他说，在蟾蜍眼睛上边长着它的耳朵，蟾蜍的耳后腺也能分泌出一种白色的浆液，这种浆液干燥品叫作"蟾酥"。

　　"有毒吗？"安妮问。

　　"蟾酥也是有毒的，不过也是一种珍贵的药材。"布莱克大叔回答。

　　"为什么这么说呀，布莱克大叔？"叮叮问。

　　"因为在医学上蟾酥具有解

毒、消肿、止痛、利尿等功效，还可以用以治疗心力衰竭、咽喉炎、咽喉肿痛、皮肤癌等疾病。"

"我现在才知道它这么厉害。"叮叮情不自禁地说道。

"好像它也是吃害虫的吧，布莱克大叔？"安妮接着问道。

"是的。"布莱克大叔回答。

这时，叮叮的嘴角浮现出一丝坏坏的笑意，所有人的目光都注视着他，想必他又有什么鬼点子了。

　　果真，他对布莱克大叔说道："布莱克大叔，能不能麻烦你帮您捉只苍蝇过来？"

　　"做什么？"

　　"我想观察蟾蜍捕食。"

　　"自己去。"布莱克大叔对他说。

　　"可我腾不出手来啊。"叮叮伸着手，将手里的蟾蜍晃了晃。

　　"你把蟾蜍放回去，然后看它是怎么寻找食物，以及怎么把食物吃掉的，岂不更好吗？"安妮在一旁插嘴。

"要是它跑掉了怎么办，我们什么也看不到。"叮叮的目光依旧盯着布莱克大叔。

　　看着布莱克大叔默不作声地朝一边走去，孩子们都会心地笑了，知道等会儿他将带"猎物"返回。

　　不一会儿，布莱克大叔捏着一只苍蝇回来了。不过，布莱克大叔在捕捉的过程中，伤了苍蝇的腿和翅膀。

　　"把蟾蜍放下来吧。"布莱克大叔对叮叮说道。

　　叮叮小心地将蟾蜍放回地上，蟾蜍很快发现了那只苍蝇。苍蝇在蟾蜍面前垂死挣扎。蟾蜍并没有立刻把它吃掉，只是仔细地盯了它一阵，像是在观察。突然，蟾蜍伸出舌头，将苍蝇挑起，苍蝇似乎被粘住了，在蟾蜍的舌头上动弹不了。布莱克大叔说，蟾蜍的舌头上有黏液。最后，蟾蜍把舌头缩回嘴里，把苍蝇吞掉了。

　　"太棒了，谢谢布莱克大叔。"叮叮高兴地说。因为他的好奇心得到了满足。

第十八章
大战鳄鱼

布莱克大叔带着叮叮和安妮继续在草甸沼泽地里前行。在用木棒探路的过程中，布莱克大叔发现沼泽地上有被人丢弃的废旧轮胎。

布莱克大叔顿时眼前一亮，他将橡胶轮胎削成块状，分别用绳子替孩子们将其缠在他们的木棒底端。

"这是为了让我们防滑吗？"安妮问。

布莱克大叔笑着摇了摇头。

叮叮咯咯地笑了起来，他对安妮说："你是老婆婆吗？拄着棍子走路还不够，还防滑？"

这时，安妮不满地噘起了小嘴。

看着孩子们无邪地争辩，布莱克大叔一样觉得开心，他心中稍稍又有一点心疼起安妮了，于是，他决定给叮叮出出难题："好吧，叮叮，那你说说你们棍子下面的橡胶是干什么用的？"

叮叮想了一下，说："应该是用来对付鳄鱼的吧。"

"为什么？"布莱克大叔问。

"因为……据说鳄鱼厌恶橡胶的味道。"

布莱克大叔笑了："不是对付，是防患。"

"布莱克大叔，我们也会遇到鳄鱼吗？"安妮问。

此时他们已来到一个水潭旁，一看到水，安妮就高兴起来，正准备去洗手，突然，她愣住不敢向前了。

原来她看到了趴在岸上的几条鳄鱼。太可怕了，鳄鱼张开了血盆大口，露出一颗颗如尖刀利刃般锋利的牙齿。这把安妮一下子吓哭了，她跑向布莱克大叔，说："布莱克大叔，它们张着那么大的嘴巴，是不是饿了，我们会不会有危险？"

布莱克大叔抚摸着安妮的背，说："不用担心，这只是鳄鱼散热

的一种方式。"

"散热的方式？"这话又引起了叮叮的好奇。

"是的，在炎热的夏天，鳄鱼张大嘴巴，是为了把体内的热空气排出来，以求得自身的凉快。"布莱克大叔说。

见安妮的心情稍稍放松了些，布莱克大叔继续说道："鳄鱼的食量其实很小，它们一岁的时候，每天只需进食一次；两岁的时候，就每两天进食一次；三岁时三天一次，等

到成年后就只需两周进食一次了。鳄鱼每年的食量等于它们
自身身体的重量。"

孩子们看到那些鳄鱼果真趴在那儿一动不动。

布莱克大叔牵着安妮的小手绕道离开，突然发现叮叮没有
跟来。他们朝鳄鱼所在的方向望去，发现叮叮竟然手持木棒，
在引逗鳄鱼。

"叮叮，你疯了吧！你以为鳄鱼食量小就不吃
人吗？"布莱克大叔咆哮道，他实在是急坏了，
甚至想用棍子在叮叮的屁股上狠狠地打几下。

　　布莱克大叔三步并作两步地跑到叮叮那边，用底端缠有橡胶的木棒戳了几下鳄鱼的鼻子，鳄鱼的嘴慢慢张合了两下，在这千钧一发之际，布莱克大叔迅速扯开叮叮。

　　叮叮的手仅流了一点儿血，还好没伤到筋骨。

　　布莱克大叔命令叮叮退后，而鳄鱼已开始向布莱克大叔进攻。

　　布莱克大叔并不慌张，他伸出食指，戳向鳄鱼的眼睛。

　　强硬的鳄鱼被攻击到要害，疼痛难忍，立马从布莱克大叔面前消失，仓皇回到了水中。

　　布莱克大叔在叮叮手臂上缠了纱布止血。他没再责备叮叮，想叮叮这次一定得到了深刻的教训。

第十九章
可怕的食虫植物

自从叮叮的手受伤以后，他变得安分了许多，当然，调皮与好奇的天性还是没变。布莱克大叔担心他因此事在心中留下阴影。

"看你调皮捣蛋弄的，还疼吗？"布莱克大叔走上前去，

关切地问叮叮。

"都快好啦，就一点轻伤，哪个男人不流血！"叮叮一副满不在乎的神情，眉宇间还分明透着几分稚气，布莱克大叔不禁被他逗乐了。

这不，远处的花儿又将孩子们吸引了过去，有红的，有黄的，香气沁人心脾，让孩子们为其深深陶醉。

此刻布莱克大叔走了过去，对孩子们说："如果你们两个是小虫子的话，就肯定都得完蛋。"

"为什么呀？"孩子们觉得奇怪，齐声问道。

"因为你们都被这些花吸引了。这些花有

个共同的称谓，叫'食虫植物'。"布莱克大叔说。

"食虫植物？"叮叮重复着布莱克大叔的话，思索着此话的由来。

布莱克大叔要孩子们观察花的形状。孩子们看到那红色的花很像一个笼子，布莱克大叔说，这叫猪笼草；而黄色的就更可爱了，上端有一个小小的口子，然后一根细细的花管往下，直到最下面才又慢慢恢复成一个球形。

"像一个瓶子。"安妮说。

"对，这种花就叫瓶子草。"布莱克大叔告诉她。

"看，这猪笼草的笼子上还有个盖子呢。"安妮发现后说。

"这叫'笼盖'。"布莱克大叔说，"当虫子被'捕'到'笼子'里后，笼盖就会合上，这样虫子就爬不出来了。"

"怎么瓶子草没有盖子，它不怕虫子跑掉吗？"叮叮问。

"看见瓶子草这长长的'瓶颈'了吗？'瓶颈'内壁光滑，虫子掉下去是很难爬上来的。"

布莱克大叔笑道。

孩子们又了解了一些知识，而叮叮又有了新的疑问，他问："布莱克大叔，这食虫植物是自己去捕食虫子吗？"

布莱克大叔告诉他，食虫植物其实有许多种，有自己去捕食虫子的，但现在他们观察到的这两种不是。

就在这时，安妮大叫："叮叮，快看，有虫子掉进猪笼草里了。"

叮叮一看，果不其然，是一只蚂蚁。

"这只蚂蚁也真够不小心的。"安妮看着说。

布莱克大叔又哈哈地笑了起来："不是蚂蚁不小心，而是蚂蚁和你们最开始的时候一样，被花的美貌与香气迷惑。而且，你们看，猪笼草外面流出黏黏的液体。这些液体都带着甜味，看起来像是花蜜，其实是毒液。贪吃的蚂蚁误食后，就变得无力，甚至神志不清，从而掉进陷阱里。"

"布莱克大叔，这些花为什么要捕食虫子呢？"安妮继续问道。

"因为这些植物生长在沼泽中，沼泽

地过湿的土壤中，氮、磷等植物所需的无机元素稀少，所以像猪笼草等这些植物就只能从动物身上去获得了。"布莱克大叔说。

此时，孩子们发现猪笼草的笼子里还出现了一些胶液状的东西。

"看，蚂蚁被粘住了。"叮叮说。

布莱克大叔说："是的。一些食虫植物就是靠黏液把猎物固定，然后慢慢将其消化的。"

食虫植物

食虫植物多生长在土壤贫瘠的沼泽或石漠化地区，这些地方土壤中缺少氮元素。植物只能捕食虫子，并将其消化，从虫子体内获取自身所需要的氮元素。如今人类已发现的食虫植物有6300多种，其中有3000多种只能捕虫，却不能将虫子消化，人们将这类植物称为"捕虫植物"。

第二十章

有毒的沼气

草甸沼泽地里，布莱克大叔和孩子们依然继续行走，天色渐渐暗了下来。

远远的空中，孩子们看见一缕缕的气体在飘浮，随之一股难闻的气味迎面扑来。"好臭！"安妮说道，她不由得用手捂住了鼻子。

布莱克大叔说，远处的是沼气，就是产生于沼泽地里的一种气体。沼气主要是由人畜粪便、秸秆以及有机物在厌氧的条件下发酵而成的。

"难怪这么臭。"叮叮也跟着用手不断地在自己面前挥舞，驱赶着面前的气味。

布莱克大叔决定让孩子们休息一会儿，他自己去寻找歇息的地方。孩子们这几天来还真累了，不管怎样，听到暂时可以不用赶路，他们还是很高兴的。

远处的暮色中闪烁着点点火苗。

叮叮对安妮说："看，鬼火。"

安妮不屑地说："我才不信呢，少吓我。"

是啊！安妮虽然胆小，但她却从不迷信。

见布莱克大叔还没回来，叮叮又想和安妮开个小小的玩笑。于是，他继续对安妮说："我才不信你不怕呢，要不，你一个人走过去看看。"

"去就去。"安妮一甩头，就往前走去。她确实不怕，只是那边的气味实在太难闻，她不想去。但她也不愿让叮叮以此觉得她是在找借口而嘲笑她，于是她捏着鼻子独自朝那边走去。

叮叮在原地等着，过去一会儿了，安妮还没返回，叮叮有些焦急起来，直到布莱克大叔回来，安妮也没有出现。

“安妮呢？”布莱克大叔见安妮不在，劈头就问。

“我说她害怕，她不服气，一个人去那边了。”叮叮慌张地回答。

“糟了，忘记叮嘱你们，那边是不能去的。”

“布莱克大叔，我又惹事了，对不起。”叮叮说。

布莱克大叔顾不上那么多，带着叮叮风风火火地朝那边跑去。气味变得愈加刺鼻，但是他们毫不介意，只为快点找到安妮。尽管现在叮叮隐约感觉有些头晕，但他强撑着，四处搜寻安妮的身影。

终于，叮叮在一旁发现了跌倒在地的安妮，他急忙跑了过去，扶安妮坐起，可安妮看起来很乏力的样子。

叮叮突然想起布莱克大叔说的这边有危险，应该是说沼气有毒吧。他二话没说，背着安妮就朝另外的地

方跑去，一口气跑了很远才把安妮放下。

此时，布莱克大叔已来到他们身旁，他摸着叮叮的头，觉得叮叮还是不错的，勇于担当，敢于负责。

见安妮还是显得有些乏力，布莱克大叔说："叮叮，你背囊里还有什么吃的？"

叮叮打开背囊找了找，说："有一瓶橙汁。"说着，他拿出来递给了安妮。

"好，安妮可以喝下这个补充维生素。"布莱克大叔说。

安妮的体力渐渐恢复了。

布莱克大叔告诉孩子们，沼

气是可燃性气体，刚才孩子们看到的火苗就是由于在高温的条件下沼气产生的自燃现象。

"我刚才是不是中毒了？"安妮问。

布莱克大叔点了点头，说："沼气主要是由甲烷、氮气、二氧化碳与硫化氢等气体组成。其中一氧化碳和硫化氢都是有毒气体，所以沼气是有毒的。不过，好在叮叮发现得早，带你及时远离了危险。"

此刻，叮叮倒不好意思起来。想到他们在这次的探险中的经历与成长，以及学到的知识，他不由得笑了起来。

沼气

沼气最早发现于沼泽，所以人们称之为"沼气"。

沼气是人畜粪便、秸秆、污水等发酵而成的一种可燃性气体，因而沼气带有一些臭味。沼气的成分有甲烷、二氧化碳、硫化氢等，因此沼气有毒。

沼气有着广泛的用途，可以用于发电，也可以作为燃料帮助人们生火、煮饭等。